Prefacio 2

Teoría Cuántica de Superficies 3

Momento lineal 8

El vector lineal 10

Experimento de la doble rendija 13

Superficies 18

El Espín 22

Entrelazamiento cuántico 24

Dinámica 25

Sobre la Simetría y sobre las dimensiones físicas 28

Dimensiones físicas. Geometría cuatridimensional del momento lineal 30

Sobre la Gravedad 31

Sobre la arquitectura universal 34

Sobre la Entropía como proceso reversible 34

La realidad unidimensional 36

Superficies bidimensionales relacionadas con Constantes Físicas con valores elevados al cuadrado 38

Sobre el Tiempo 41

Flecha del tiempo y Gravedad 42

Sobre los Conjuntos 43

Notas del autor 45

Prefacio

Con este libro, el autor proporciona una interpretación nueva y estrictamente determinista de la mecánica cuántica, que permite satisfacer las cuestiones relativas a esta, que actualmente tienen carácter probabilístico. Algunos fenómenos como el del fascinante experimento de la doble rendija de Young, es revisado en este libro bajo el punto de vista de la teoría de superficies. Tanto si es usted un físico experimentado, o un estudiante que desea contrastar diversas teorías especulativas, o simplemente una persona que siente cierta curiosidad e inquietud por este apasionante tema y desee pensar y divertirse, le resultará muy interesante y amena la lectura de este trabajo.

La base de este trabajo ha sido la sencillez como estrategia, para proporcionar una solución completa, de forma especulativa, a la mecánica cuántica.

Teoría Cuántica de Superficies

Para comprender esta teoría y poder empezar a trabajar con ella, debemos comprender su planteamiento.

Sabemos que:

-En física, la posición de una partícula indica su localización en el espacio o en el espacio-tiempo.

Wikipedia

-La cantidad de movimiento, momento lineal, ímpetu o momentum es una magnitud física fundamental de tipo vectorial que describe el movimiento de un cuerpo en cualquier teoría mecánica.

Wikipedia

Este razonamiento es correcto, pero **debemos separar estos dos conceptos: momento lineal y posición en dos espacios o entornos distintos unidos por una correlación lineal.** *A estos dos espacios los llamaremos* **momento lineal** *y* **posición**.

Momento lineal tiene la propiedad intrínseca de pertenecer a un espacio o entorno de tres dimensiones donde se desarrollan las superficies y los acontecimientos de un modo que a continuación veremos. Estas partículas, consideradas en esta teoría como superficies, en su interacción en el espacio de tres dimensiones del momento lineal generan un "punto" o posición en un espacio distinto compuesto de cero dimensiones, cuya representación se puede medir. Estas "posiciones" son muy numerosas en cualquier intervalo de tiempo, así que nosotros las percibimos como una línea continua, pero realmente se trata de puntos extremadamente juntos unos de otros. Así pues, se puede pensar que todo lo que nos rodea y nosotros mismos, nos desplazamos a saltos por una serie de puntos, resultados o posiciones. Estos estados son susceptibles de ser cuantificados cuando observamos el comportamiento de las partículas elementales.

Las partículas elementales son los constituyentes elementales de la materia, y estas partículas y según esta teoría están formadas por superficies de espesor *cero* abiertas y cerradas que tienen grado matemático en todos sus puntos de paso, los cuales son siempre tangentes entre sí al menos en superficies únicas. Una partícula puede tener una sola superficie como por ejemplo el electrón, o estar compuesta por una polisuperficie como por ejemplo el protón, e incluso podríamos considerar un átomo como una polisuperficie de mayor grado, (pero por ahora no nos extenderemos tanto). Por ejemplo, si tenemos un electrón, este será tratado como una superficie igualmente tangente en todos sus puntos de paso y por lo tanto perfectamente esférica y geométricamente estable, estará cerrada sobre sí misma con grosor nulo, y cuya "masa" que aquí se sustituye por geometría, está determinada por el grado matemático de su superficie, de forma que mayor grado equivale a mayor masa en las superficies cerradas (fermiones) y mayor frecuencia y energía, en superficies abiertas (bosones).

Si este electrón a causa de una interacción sale despedido de un átomo, esta interacción creará una *posición y lo hará a través de una propiedad intrínseca que tienen todas las partículas capaces de crear una posición:* **El Espín**, porque y viéndolo de un modo abstracto, tiene un momento angular intrínseco en el que podemos considerar la rotación de la partícula en torno a su propio eje (como imagen mental útil aunque el espín no tiene una representación en términos de coordenadas espaciales de modo que no se puede referir ningún tipo de movimiento) de forma que una línea (llamada *eje de rotación*) o un *punto* permanece ***fijo***, siendo este *eje o punto* el **enlace** o **puente de enlace** entre el *momento lineal* y la *posición*.

Podemos suponer entonces que el momento angular intrínseco del e*spín* ocurre en el contexto de un espacio de tres dimensiones mientras que su eje de rotación permanece fijo (espacio de cero dimensiones). En este eje o punto del espacio de tres dimensiones se origina una *singularidad o espacio* de *cero* dimensiones.

Veremos cómo las superficies de las partículas sufren una transformación, a partir de una *posición* en un espacio de *cero* dimensiones que podemos medir, *escalándose estas en otro espacio de cuatro dimensiones físicas que no podemos medir, llamado *momento lineal,* Es decir, la partícula *conmuta* de un espacio de tres o más dimensiones a otro de *cero* dimensiones representándose en este, tantas veces como interacciona.

*(Véase más adelante el capítulo: Dimensiones físicas. Geometría cuatridimensional del momento lineal)

Un observador no puede medir lo que ocurre en el espacio del *momento lineal*. En este "espacio entre bastidores" la partícula que ha interaccionado, reacciona de un modo distinto al que "vemos", pero cuyo resultado será equivalente y cuyos efectos mediremos en la siguiente *posición*. Lo que no "vemos", y esto ocurre en el *momento lineal*, es que permaneciendo estacionaria, la partícula, sufrirá una transformación, escalándose, o dilatándose, tal y como lo hace una onda en el agua, o una burbuja en expansión, pero sin verse atenuada en ningún modo (pues su superficie siempre tiene un grosor igual a cero) y conservando en esta expansión un *vector de movimiento,* creado o modificado desde la anterior interacción de esta partícula, y desarrollado a continuación en el *momento lineal,* que definirá su eventual trayectoria en línea recta y su situación, *y* cuyo resultado obtendremos en la siguiente *posición* de cero dimensiones, que se creará si interaccionamos con su *vector de movimiento* de algún modo, (no con su superficie), pues el efecto de cualquier acción o reacción de cualquier tipo, *solo* es apreciable desde una *posición* y la acción de medirla, inexorablemente tendrá como consecuencia otra

nueva posición que será consecuencia de una interacción de la partícula en la cual, estará involucrada más de una partícula.

A este tipo de interacción donde está involucrada más de una partícula la llamaremos para entendernos mejor, **Interacción-Sistema**. *Toda interacción del tipo que sea, genera una **posición o punto** en el espacio tridimensional. Cuando una partícula se superpone con ella misma o la longitud de onda asociada a ella colapsa, también genera una posición o punto en el espacio tridimensional, pero no nos referiremos a ella como Interacción-Sistema, pues no se trata de un sistema, sino de una única partícula.*

Esto y otras cosas se explicarán a continuación con algunos ejemplos.

Algunos ejemplos:

Mientras el autor escribe estas líneas, aún no ha pensado detenidamente como interactúa esta teoría con objetos grandes, pero el lector encontrará una aproximación muy interesante de esta cuestión en el capítulo de este trabajo titulado "*Sobre la Gravedad*".

Los siguientes ejemplos ayudan a entender lo que ocurre con partículas subatómicas:

Imaginemos parte de *la paradoja del gato de Schrödinger*. El gato encerrado en una caja con una trampa, estaría en un entorno dimensional del espacio llamada momento *lineal*. En este entorno de tres dimensiones es donde verdaderamente se desarrolla la mecánica cuántica hasta que al abrir la caja donde se encuentra el gato, recibimos el resultado tangible en la forma de una *posición*. (*Interacción-sistema*)

Imaginemos la *posición* como el único vértice de un cono, y el *momento lineal* como un punto en cualquier parte dentro del volumen del cono. El espacio que nos separa antes de abrir la caja y donde podremos obrar de una manera u otra, será un *momento lineal*, que se encuentra dentro del volumen del cono, en un espacio de tres dimensiones, y cuando interaccionamos con la caja para ver lo que ocurre, es como si hiciéramos una fotografía en la que se escribe la interacción. El gato estará ahora en un entorno compuesto de cero dimensiones puntual llamada *posición* o lo que es lo mismo, se encontrará atrapado en el vértice del cono, que es un punto de *cero* dimensiones. Se puede decir también que la interacción sucesiva de momentos y posiciones, da como resultado una rápida y continuada sucesión de fotogramas (*posiciones*) a lo largo de una línea de tiempo, y es dentro de estas *posiciones* donde se haya siempre el *observador*.

Bien, terminado el anterior ejemplo, cambiaremos a todos los efectos y para siempre, nuestro modelo de *cono* por un nuevo modelo que nos permita acercarnos a la realidad: el modelo de *esfera,* donde sustituiremos el vértice del cono por el centro de la esfera. Recordemos que un electrón y cualquier otra partícula, solo se expansiona en su *momento lineal* y su superficie no cambia sustancialmente para un *observador, porque* el observador cuando realiza una observación, crea una *posición*. Todo esto lo encontrará explicado con detalle en los capítulos posteriores de este trabajo.

Momento lineal

Definición Wikipedia:

Es una magnitud física fundamental del tipo vectorial que describe el movimiento de un cuerpo en cualquier teoría mecánica.

La realidad, según propone esta teoría, es que interaccionamos con las partículas, como resultado del *momento lineal*.

Cuando percibimos el estado de una partícula, su *posición* es el resultado del *momento* desde su anterior *posición*. Un ejemplo gráfico que podría servirnos de ejemplo, sería la cámara de niebla utilizada para observar el trazado de las partículas. Al paso de las partículas, debido a los numerosos iones producidos por las partículas a lo largo de su trayectoria, se crea una estela o traza, donde podemos ver las *posiciones* de las partículas debidas a las interacciones con las moléculas de agua en su trayecto, siendo que cada uno de los puntos discontinuos obtenidos que en su conjunto muestran una traza, la cual son *posiciones* o puntos de dimensión cero, a las que les precede un *momento*. Así pues, existe la posibilidad de considerar el universo como un espacio de tres dimensiones en su *momento lineal,* y de cero dimensiones en su *posición*. El resultado de esto sería una rápida sucesión de fotogramas en *posiciones* puntuales en un universo de *cero* dimensiones en su *posición,* y tres dimensiones en su *momento lineal,* en el cual solo pueden existir superficies abiertas o cerradas, cada una de las cuales tendrá un *vector de movimiento* el cual podrá interaccionar en una nueva *posición*.

El resultado de esto en el contexto de lo que aquí se define como *Interacción-Sistema*, sería una rápida sucesión de fotogramas en posiciones puntuales, cuya representación a causa de su magnitud, percibimos de un modo aparentemente continuo, siendo muy diferente del contexto tridimensional del *momento lineal,* el cual afortunadamente, no percibimos directamente.

Las superficies de las partículas tienen cierto grado matemático variable, y cuando una partícula (superficie) adquiere mayor velocidad a consecuencia de una nueva *Interacción-Sistema*, también adquiere *mayor grado matemático* (masa). Así pues, tenemos que toda la materia y la energía del universo se encuentra formada por superficies en un espacio de tres dimensiones en su *momento lineal*. Este es el caso de las partículas elementales, las cuales en el caso de los fermiones son superficies cerradas sobre sí mismas en forma de esfera (grado matemático impar), o abiertas, (grado matemático par) en el caso de los bosones y que podrán estar compuestas según su grado, por una sola superficie o por más de una superficie (polisuperficie).

Estas partículas, a causa de sus interacciones, pueden sufrir recombinaciones y ser el origen de otras partículas con masa, (superficies cerradas) y sin masa, (superficies no cerradas).

Cuando una partícula de cualquier clase, incluido el fotón, a consecuencia de una interacción, se desplaza, genera un *momento lineal* que le permite moverse, pero atención: Lo que ocurre realmente, como ya hemos comentado, es que la superficie de la partícula, a partir de su *posición,* se escala o dilata expansionándose como una burbuja que crece en las tres dimensiones, sin moverse hacia ninguna dirección en absoluto, pero pudiendo modificar su grado de superficie si adquiere o pierde energía.

Todo esto puede parecer extraño, pues no observamos a las partículas escalar su tamaño, pues observamos su desplazamiento cuando obtenemos su *posición,* al abandonar esta partícula su *momento lineal* a consecuencia de su interacción con otra partícula, manteniéndose de esta forma una relación indispensable entre *posición* y *momento.*

El vector lineal

El *vector lineal* es una dimensión geométrica que representa a la partícula en el *momento lineal*, y tiene las siguientes propiedades intrínsecas:

- *Velocidad constante*
- *Se propaga en línea recta*
- *Se crea a consecuencia de una interacción en el contexto de un sistema. Es decir, es necesario que al menos interaccionen dos partículas cuya consecuencia sería el punto de inicio un vector lineal en cada partícula.*
- *Se extingue o colapsa como consecuencia de una nueva interacción-sistema de la partícula, creándose uno nuevo a partir de este punto y el cual podrá adoptar una nueva dirección en el espacio.*
- *El vector lineal representa la expansión o recorrido estacionario de la partícula y también su dirección.*
- *El vector lineal no colapsa cuando la partícula interacciona consigo misma o se superpone.*
- *En el momento lineal se expansiona la superficie de la partícula. Las partículas tienen asociadas una determinada longitud de onda la cual, colapsa periódicamente en su recorrido de forma discreta en cada uno de los períodos creando puntos o posiciones tangibles las cuales no son Interacciones-Sistema.*
- *Si dividimos la longitud del vector lineal de la partícula entre la longitud de onda asociada a la partícula, obtenemos la representación de la partícula fuera del*

contexto del momento lineal. Por lo tanto, una partícula que en su momento lineal se expansione considerablemente, tendrá en consecuencia un vector lineal de considerable longitud además de un considerable tamaño, pero si como hemos dicho, dividimos la longitud de su vector lineal entre su longitud de onda asociada mediremos el tamaño tangible o "real" de la partícula en la posición cuyo Interacción-Sistema comparte el observador.

- *Una partícula solo es susceptible de interaccionar con otra partícula cada vez que colapsa su longitud de onda porque cuando esto ocurre, la partícula crea una nueva posición. Sólo en estos puntos su interacción será tangible.*
- *Para que una partícula interaccione con otra partícula, sus posiciones deberán encontrarse lo suficientemente cerca de forma que las partículas representadas puedan tocarse e interaccionar. Podría ocurrir que como las partículas se desplazan en su trayectoria rectilínea a "saltos" o de forma discreta, podrían sobrepasarse y no interaccionar. (Efecto Túnel)*

Aplicaremos la ecuación de *Broglie*, a cada fermión en movimiento, para determinar sus *posiciones* o puntos a lo largo de su trayectoria:

$$\lambda = \frac{h}{p} = \frac{h}{mv}$$

Todas las partículas en movimiento, como iremos viendo más adelante, se propagan de modo similar a la Luz. De hecho, consideremos que si las partículas con *masa* tienen propiedades ondulatorias como la Luz (dualidad onda-partícula), entonces estas partículas deben ajustarse y cumplir los mismos valores lineales.

-Actualmente se considera que la dualidad onda-partícula es un "concepto de la mecánica cuántica según el cual no hay

diferencias fundamentales entre partículas y ondas: Las partículas pueden comportarse como ondas y viceversa". (Stephen Hawking, 2001).

Wikipedia.

El físico francés de Broglie, relacionó la longitud de onda, λ (lambda) con la cantidad de movimiento de la partícula, mediante la fórmula:

$$\lambda = \frac{h}{mv}$$

La ecuación de Louis de Broglie, se puede aplicar a toda la materia. Los cuerpos macroscópicos, también tendrían asociada una onda, pero, dado que su masa es muy grande, la longitud de onda resulta tan pequeña que en ellos se hace imposible apreciar sus características ondulatorias.

Donde λ es la longitud de la onda asociada a la partícula de masa m que se mueve a una velocidad v, y h es la constante de Planck. El producto mv es también el módulo del vector $\vec{P}$, → o cantidad de movimiento de la partícula. Viendo la fórmula se aprecia fácilmente, que a medida que la masa del cuerpo o su velocidad aumenta, disminuye considerablemente la longitud de onda.

Su trabajo decía que la longitud de onda λ de la onda asociada a la materia era:

$$\lambda = \frac{h}{p} = \frac{h}{mv}$$

Donde h es la constante de Planck y p es el momento lineal de la partícula de materia.

Wikipedia.

Esta longitud de onda asociada a la masa de cada partícula, como ya señalamos, determina los *puntos* o *posiciones* en los cuales la partícula que se encuentra en expansión tridimensional creará interacciones puntuales que la representarán prosiguiendo la partícula en su trayectoria sin experimentar ningún cambio.

En esta teoría de Superficies, la gravedad es considerada *geometría*. Con lo cual, esta no tiene propiedades corpusculares. Por lo tanto, la gravedad, al no poderse reducir en partículas, no puede interaccionar de la forma en que estas lo hacen.

Así pues, cada partícula en movimiento, (fermiones y bosones) creará una posición o punto en su recorrido lineal, que coincidirá con su longitud de onda, solo en este punto o *posición* se representa la geometría de la partícula y solo en este punto puede interaccionar de algún modo con cualquier otra partícula.

Experimento de la doble rendija

La paradoja del *experimento de Young*

Esta paradoja trata de un experimento mental, un experimento ficticio no realizable en la práctica, que fue propuesto por Richard Feynman examinando teóricamente los resultados del experimento de Young analizando el movimiento de cada fotón.

Para la década de 1920, numerosos experimentos (como el efecto fotoeléctrico, el efecto Compton, y la producción de rayos X entre otros) habían demostrado que la luz interacciona con la materia únicamente en cantidades discretas, en paquetes "cuantizados" o "cuánticos" denominados fotones. Si la fuente de luz pudiera reemplazarse por una fuente capaz de producir fotones individualmente y la pantalla fuera suficientemente sensible para detectar un único fotón, el experimento de Young podría, en principio, producirse con fotones individuales con idéntico resultado.

Si una de las rendijas se cubre, los fotones individuales irían acumulándose sobre la pantalla en el tiempo, creando un patrón con un único pico. Sin embargo, si ambas rendijas están abiertas, los patrones de fotones incidiendo sobre la pantalla se convierten de nuevo en un patrón de líneas brillantes y oscuras. Este resultado parece confirmar y contradecir la teoría ondulatoria de la luz. Por un lado, el patrón de interferencias confirma que la luz se comporta como una onda *incluso si se envían partículas de una en una*. Por otro lado, cada vez que un fotón de una cierta energía pasa por una de las rendijas el detector de la pantalla detecta la llegada de la misma cantidad de energía. Dado que los fotones se emiten uno a uno no pueden interferir globalmente así que no es fácil entender el origen de la "interferencia".

La teoría cuántica resuelve estos problemas postulando ondas de probabilidad que determinan la probabilidad de encontrar una partícula en un punto determinado, estas ondas de probabilidad interfieren entre sí como cualquier otra onda.

Un experimento más refinado consiste en disponer un detector en cada una de las dos rendijas para determinar por qué rendija pasa cada fotón antes de llegar a la pantalla. Sin embargo, cuando el experimento se dispone de esta manera las franjas desaparecen debido a la naturaleza indeterminista de la mecánica cuántica y al colapso de la función de onda.

Wikipedia.

La teoría cuántica aplica la estadística cuántica a este problema postulando *"ondas de probabilidad que determinan la probabilidad de encontrar una partícula en un punto determinado, estas ondas de probabilidad interfieren entre sí como cualquier otra onda"*.

Analicemos el experimento de la *doble rendija* desde el punto de vista de la firmemente determinista *teoría cuántica de superficies:*

Sabemos que:

-La rendija atravesada por el fotón es una medida de *posición* del fotón.

-La observación de la onda o interferencia equivale a una medida de la *cantidad de movimiento*.

De ahora en adelante, y sabiendo que en el trayecto de una partícula, esta crea infinidad de *puntos* que están asociados a su longitud de onda, estando estas interacciones muy localizadas, pudiendo considerarse que la longitud de onda de la partícula colapsa periódicamente, creando una *posición* tangible que permite la *interacción Momento lineal-Posición* y sabiendo que, a velocidad constante, los puntos o posiciones son completamente idénticos y representan por tanto, a una partícula en el tiempo, que no sufre cambios apreciables en su masa y velocidad, vamos desde ahora y en adelante, y a menos que se especifique lo contrario, a reducir el trayecto de una partícula, a uno solo, con el fin de simplificar el desarrollo de las explicaciones.

Como ya hemos visto, un fotón o una partícula que es emitido desde una *posición*, escala su superficie en un posterior *momento lineal* y en una siguiente interacción Momento Lineal-Posición de su longitud de onda, obtenemos su nueva *posición*.

Pues bien, en el caso de que el *vector de movimiento* del *momento lineal* de la partícula tropezara con la pared de la rendija, no lograría atravesarla y la partícula detendría su escalado, creando una nueva *posición* en el punto de interacción de su *vector lineal* con la pared de la rendija y ganando un nuevo *vector lineal*, la partícula rebotaría en otra dirección o se detendría.

Si en cambio, el *vector de movimiento* del *momento lineal* de la partícula, consiguiera pasar por cualquiera de las dos rendijas, la partícula continuaría escalando su superficie a través de estas rendijas en su *momento lineal*. ¿Cómo puede dibujarse una interferencia si disparamos los electrones uno a uno? Porque la superficie del electrón se desplaza escalándose pudiendo pasar a través de las *dos* rendijas si consigue hacerlo el *vector de movimiento* de su *momento lineal* a través de cualquiera de las dos rendijas, y de esta forma al conservarse su *momento lineal,* llegará a superponerse consigo misma. Así, cuando obtenemos su *posición* en una tercera pantalla, se formará un modelo de bandas claras y oscuras que solo pueden ser explicadas mediante el proceso de interferencia el cual demuestra que efectivamente la partícula ha interaccionado consigo misma, y con la pantalla, confirmando de esta forma una la dualidad superficie-partícula y una interacción *momento-posición*.

Teniendo en cuenta lo anterior, y sabiendo, por tanto, que el electrón que se propaga en su *momento lineal* es una superficie de espesor nulo que extiende su área hasta pasar por las dos ranuras, o por miles de ranuras a la vez, con la condición de que lo consiga su *vector lineal.*

Sabiendo esto, podremos razonar los siguientes problemas ya clásicos de mecánica cuántica:

-Se disparan electrones uno a uno hacia la pantalla. Podríamos suponer que ha pasado por una de las dos rendijas.

-Se ha comportado como una onda, así que estamos obligados a pensar que ha pasado por las dos rendijas a la vez.

-Mientras que se desarrolla el experimento no podemos determinar la trayectoria que sigue un electrón dado.

-Según la teoría cuántica, si intentamos saber la rendija por la cual pasa un electrón o seguir su trayectoria el patrón de interferencia desaparece.

Las superficies de espesor *cero*, al escalar su tamaño en lugar de realizar un recorrido en su *momento lineal*, no necesitan un supuesto medio o partícula imponderable o no, que actúe como soporte o transmisión por el cual desplazarse como el *éter*, *gravitones* o *Campo de Higgs*, porque la partícula no se traslada de un modo intrínseco, sino que, permaneciendo en el mismo punto, expande o escala su superficie en su *momento lineal*. Podemos saber su *posición* como partícula, que dependerá de su longitud de onda, interaccionando con esta de alguna forma.

Superficies

A continuación, el autor explicara su opinión sobre el estado y la dinámica de las superficies de las partículas subatómicas en el espacio del *momento lineal* (en el espacio de *posición* respetaremos el modelo atómico del átomo de Bohr) y para hacerse sencillo de entender, se utilizarán curvas en vez de superficies y polisuperficies. En estos ejemplos, el máximo grado permitido en un sistema cuántico para una superficie sin particiones (aquí representada por curvas), es de 16.

Definición de superficies del libro *"El gran libro de CATIA"* autor: Eduardo Torrecilla Insagurbe

- En las superficies se dan dos grados, uno en cada una de las direcciones de cálculo *U y V*

-Todo elemento (curvas, superficies) requiere de una o varias ecuaciones matemáticas para su definición.

-Se define como grado matemático al número máximo del polinomio que se necesita en una ecuación matemática para definir un elemento.

-El grado de cálculo tiene una relación directa con la geometría que se desea crear.

-A mayor grado matemático mayor posibilidad de tener ondulaciones.

-*El grado mínimo necesario para la ecuación de un elemento para que se pueda definir es el número de elementos de paso que tengamos, más las condiciones que se le impongan, menos uno.*

$$G = N° \text{ elementos} + N° \text{ condiciones de paso} - 1$$

Veamos un ejemplo de esto con curvas:

Supongamos para los siguientes ejemplos que el máximo grado de una superficie es de 16.

Primer caso

Supongamos una curva tipo spline que se cierra en círculo por sus dos extremos, pase por 8 puntos y en los 8 se cumpla una condición de tangencia respecto a una dirección dada. ¿Sería posible definir esta curva con una sola ecuación matemática?

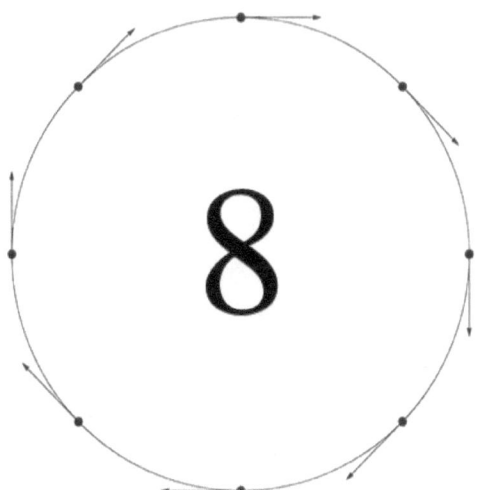

$$g = 8 \text{ puntos} + 8 \text{ tangencias} - 1 = 15$$

Vemos que efectivamente se cumpliría, pues el resultado no supera a 16. *Este primer caso podría definir a una partícula con superficie única o elemental como el electrón.*

Segundo caso

Una curva tipo spline que se cierra en círculo por sus dos extremos, pase por 9 puntos y en los 9 se cumpla una condición de tangencia respecto a una dirección dada:

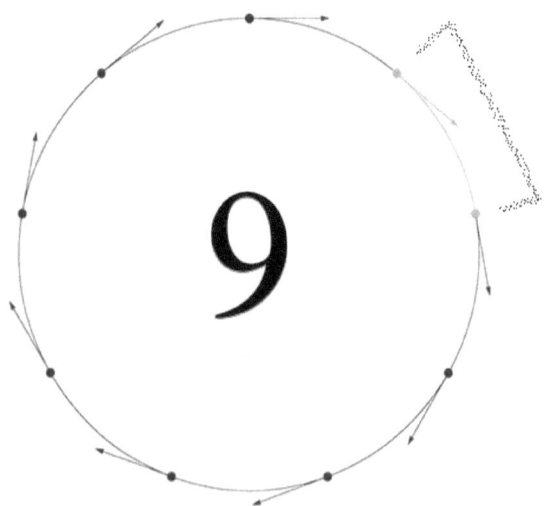

$$g = 9 \text{ puntos} + 9 \text{ tangencias} - 1 = 17$$

No sería posible construir esta curva con una sola ecuación porque hemos rebasado el límite. En estos casos se resuelve partiendo los elementos en varias porciones internas, cada una con su ecuación. *Este segundo caso sería el adecuado para definir a una polisuperficie, o partícula compuesta, a su vez, por otras partículas subatómicas, como son los protones y neutrones.*

En este ejemplo, una partícula compuesta se ha reducido en dos fermiones y un bosón.

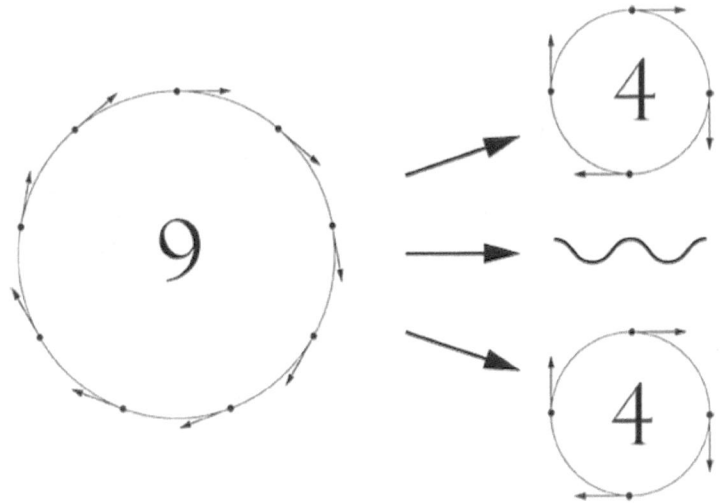

Los anteriores ejemplos han sido realizados con curvas y no con superficies, y por lo tanto *no son ejemplos reales*. Una superficie bidimensional está formada por más elementos de paso o nodos.

Las partículas elementales estables están formadas con un grado inferior o igual al máximo permitido en un sistema cuántico o de lo contrario pasan a ser partículas inestables o polisuperficies. Por ejemplo (seguimos con nuestros ejemplos basados en curvas) si en el sistema cuántico el máximo grado permitido para una partícula simple o estable es 16 y tenemos un electrón cuyo grado de superficie es 8 y tangente a todos sus elementos de paso, entonces tenemos que:

$$8 + 8 = 16 - 1 = 15$$

Si este electrón absorbe un cuanto de energía entonces pasaría a tener al menos un grado más:

$$9 + 9 = 18 - 1 = 17$$

De este modo el electrón pasaría a ser una partícula compuesta o inestable. Como la tendencia de las partículas elementales es conservar su estabilidad, el electrón no tardará en devolver el fotón, recuperando su grado.

En opinión del autor, una partícula aumenta su grado y puede perder continuidad en tangencia al absorber un fotón, pudiendo generar costuras en el caso de polisuperficies y también entiende que la superficie de las partículas debido a la condición de continuidad en tangencia en su superficie, serán completamente esféricas o tenderán siempre a serlo, por esto, una partícula (sobre todo si es una polisuperficie) que ha absorbido un fotón, oscilará vibrando, hasta que consiga estabilizar o restablecer su superficie, devolviendo la energía absorbida.

El Espín

"El espín proporciona una medida del momento angular intrínseco de toda partícula. En contraste con la mecánica clásica, donde el momento angular se asocia a la rotación de un objeto extenso, el espín es un fenómeno exclusivamente cuántico, que no se puede relacionar de forma directa con una

rotación en el espacio. La intuición de que el espín corresponde al momento angular debido a la rotación de la partícula en torno a su propio eje sólo debe tenerse como una imagen mental útil, puesto que, tal como se deduce de la teoría cuántica relativista, el espín no tiene una representación en términos de coordenadas espaciales, de modo que no se puede referir ningún tipo de movimiento. Eso implica que cualquier observador al hacer una medida del momento angular detectará inevitablemente que la partícula posee un momento angular intrínseco total, difiriendo observadores diferentes sólo sobre la dirección de dicho momento, y no sobre su valor."

Wikipedia.

Consideraciones importantes a tener en cuenta sobre el espín:

Hemos comentado anteriormente que según esta teoría y en opinión del autor, **momento lineal y posición se encuentran en contacto o enlazadas a través del espín de las partículas elementales.** Sabemos que las partículas las podemos clasificar en dos clases: bosones y fermiones, a las que nos referimos aquí como partículas con su superficie *abierta (bosones)* o *cerrada (fermiones)*.

Refiriéndonos a las partículas de *superficie cerrada*, estas se caracterizan por tener *espín* semi-entero. Esta característica podría ser debida según la opinión del autor, a su interacción *momento-posición*, que ocurre perpendicular y coincidente a su "eje del espín", de lo cual resulta una división *de la partícula* de geometría esférica, que es literalmente "cortada" en dos mitades, como si esta fuese dividida por un plano que la atravesara perpendicular a su "eje". Esto tiene como resultado en la *posición* que medimos de un modo intrínseco, una partícula esférica de superficie cerrada con la "mitad de su valor", y además de la imposibilidad de medir su momento angular completo, podríamos tener una *inducción* en forma de carga eléctrica. Por lo tanto, debemos considerar al espacio o dimensión *posición* como mucho más que "una nube de puntos a través de la cual realizamos observaciones", pues a través de esta *posición* se genera *las características de las partículas elementales*.

De esta forma, en cada medición que hagamos para averiguar la dirección del eje del espín, hallaremos que dicho eje estará siempre orientado a la fuerza que se utilice para medirlo, y también que cada partícula podría llevar asociada su antipartícula o lo que es lo mismo, partícula y antipartícula son *una única partícula*: la mitad de la partícula que podemos medir, lleva asociada en su *momento lineal* su otra mitad que al no haberse correlacionado no podemos medir.

Entrelazamiento cuántico

-El entrelazamiento es un fenómeno cuántico, sin equivalente clásico, en el cual los estados cuánticos de dos o más objetos se deben describir mediante un estado único que involucra a todos los objetos del sistema, aun cuando los objetos estén separados espacialmente. Esto lleva a correlaciones entre las propiedades físicas observables. Por ejemplo, es posible preparar (enlazar) dos partículas en un solo estado cuántico de espín nulo, de forma que cuando se observe que una gira hacia arriba, la otra automáticamente recibirá una "señal" y se mostrará como girando hacia abajo, pese a la imposibilidad de predecir, según los postulados de la mecánica cuántica, qué estado cuántico se observará.

-Esas fuertes correlaciones hacen que las medidas realizadas sobre un sistema parezcan estar influyendo instantáneamente otros sistemas que están enlazados con él, y sugieren que

alguna influencia se tendría que estar propagando instantáneamente entre los sistemas, a pesar de la separación entre ellos.

-Wikipedia.

En determinadas circunstancias, dos o más partículas pueden formar parte de una única *polisuperficie* o *superficie compuesta,* formando un *sistema* de partículas *entrelazadas,* expansionándose dicha polisuperficie en su *momento lineal* de manera análoga a una superficie. Esta *polisuperficie* expansionándose en su *momento lineal,* tendrá tantos *vectores lineales* como partículas elementales la formen. Si cualquier *vector lineal* de esta polisuperficie es perturbado mediante una *interacción* ajena a la **naturaleza ondulatoria del sistema,* dicha interacción o *posición* afectará inmediatamente a todas las partículas del sistema, independientemente de la distancia que las separe.

Esta inmediatez es debida a que en un sistema cuatridimensional *no existe el tiempo,* pues el tiempo no es una dimensión, si no una limitación tridimensional.

**Longitudes de Onda de Broglie*
**Véase el capítulo "Sobre el tiempo".*

Dinámica

En esta *teoría de superficies*, vemos que las *posiciones* son puntuales y discontinuas, por lo que existe una cierta separación entre estos puntos.

En un trazado de puntos, si cubrimos la distancia que separa dichos puntos con segmentos o vectores, obtendremos una representación de segmentos que indican un recorrido rectilíneo, lo que sugiere que el recorrido de cualquier partícula solo es posible en trayectos rectilíneos y esto quiere decir que si la partícula sigue una trayectoria rectilínea y con velocidad constante, se conservará en un *momento lineal* y si tiene un movimiento circular uniforme, la partícula será afectada por dos fuerzas que representaremos con dos vectores, un vector define el movimiento lineal y el otro vector perpendicular al primero, define la fuerza centrípeta, que es la causante del cambio de dirección de la partícula o móvil.

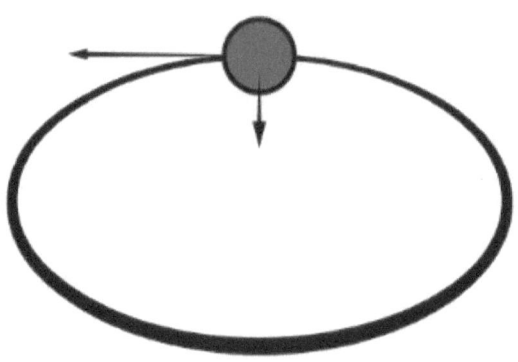

Movimiento circular uniforme

El movimiento lineal y la fuerza centrípeta en un movimiento circular uniforme, causan una interacción *momento-posición* periódica entre estas dos fuerzas, generando una densa serie de puntos o *posiciones* que se crean a lo largo del recorrido segmentado de una partícula. Así pues, en un movimiento circular uniforme, una partícula realizará desplazamientos rectilíneos a lo largo de un segmento desde una *posición* que la propia partícula genera hasta cierto punto en su recorrido orbital en el que la partícula genera una nueva *posición*. Este punto o posición será coincidente con la longitud de onda de la partícula.

De esta forma irá generando nuevas y numerosas *posiciones* durante todo su recorrido. En cada *posición* creada, la partícula genera un nuevo *vector lineal* que en este punto ha variado su dirección, (en todo momento rectilínea) con respecto al anterior *vector lineal* para realizar su órbita. Esta nueva dirección del *vector lineal*, será la resultante a la interacción del movimiento lineal y la fuerza centrípeta que afectan a esta partícula en esta *posición* o punto.

En un movimiento circular uniforme, la imagen gráfica sería un círculo de puntos unidos por segmentos.

Recorrido por puntos

Un observador que mida el recorrido trazado por la partícula, lo definirá como una partícula que se encuentra en movimiento circular uniforme porque tanto el observador como la medida que este realiza se hayan igualmente reducidos a un sistema de puntos.

Así pues, en una partícula cuántica que se encuentra en un *movimiento uniformemente acelerado* de cualquier tipo ya sea en movimiento circular uniforme, movimiento lineal uniformemente acelerado o parabólico, necesariamente generan numerosas *posiciones* puntuales. Estas posiciones pueden encontrarse a muy corta distancia unas de otras, siendo el espacio que las separa, un segmento extraordinariamente pequeño, el cual está asociado a la longitud de onda de la partícula y a su *vector lineal*. Cuando una partícula se encuentra, por ejemplo, en un *movimiento circular uniforme,* se halla bajo la influencia e interacción de la partícula alrededor de la cual gira, y por lo tanto experimentará interacciones periódicas del tipo *Interacción-Sistema* y consecuentemente, modificará su dirección por medio de su *vector lineal* en todas sus *posiciones*.

Sobre la Simetría y sobre las dimensiones físicas

Hay una profunda y poderosa conexión entre la conservación de una magnitud y la presencia de *simetría* en un sistema en cuestión. Por ejemplo, si el sistema es simétrico cuando gira, el momento angular se conserva. En términos generales, algo es simétrico si no varía bajo una cierta operación.

Estamos acostumbrados a observar la rotación de una esfera sobre un determinado eje tal como lo hace la Tierra, pero para todas las *partículas cuánticas* como el electrón, debemos considerar posible su giro (*espín*) sobre tres ejes simultáneos y equidistantes.

De esta forma, en un átomo polielectrónico, los electrones se distribuyen en capas o superficies equidistantes alrededor de este núcleo, pudiendo formar polisuperficies o superficies compuestas para electrones en la misma capa, conservando de esta forma, el momento angular y la *simetría*.

El electrón, por tanto, giraría sobre sí mismo y alrededor del núcleo, pero su giro sobre sí mismo se daría simultáneamente sobre *las tres dimensiones* del espacio donde se desenvuelve *el momento lineal*. (Véase el siguiente capítulo: *Dimensiones físicas. Geometría cuatridimensional del momento lineal*).

Estos tres vectores (que representan el espacio tridimensional y no tienen relación con el *vector lineal* de una partícula en expansión) tienden a mantenerse siempre equidistantes en su giro alrededor del núcleo para de esta forma conservar la *simetría* del sistema atómico de tal forma que si cortáramos varias veces y en diverso ángulo cada vez la partícula con un plano y pudiéramos observar la rotación de esta a través de las dos dimensiones del plano, la silueta de la partícula dibujada en dicho plano permanecería invariable o constante en velocidad angular.

Pero para que este giro simultáneo sea posible, necesitaremos más grados de libertad. Esto se consigue como veremos, interaccionando con una *cuarta dimensión*.

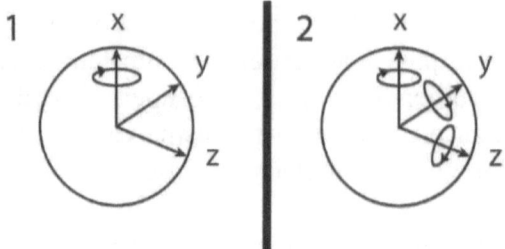

1. Grados de libertad en contexto tridimensional.
2. Grados de libertad en contexto cuatridimensional. *Según el autor*

Esta idea es especialmente interesante a la hora de entender el mecanismo cuántico *dualidad onda-partícula*, pues permite, por ejemplo, reducir el momento angular total del electrón en su giro alrededor del núcleo atómico a una *esfera* o *superficie* con propiedades *ondulatorias* en torno al núcleo y a la vez puede presentar interacciones muy localizadas.

Dimensiones físicas. Geometría cuatridimensional del momento lineal

Un cuadrado posee dos dimensiones. Ampliándolo con una nueva dimensión genera un cubo, que es tridimensional. Añadiendo al cubo una nueva (que no se ve) genera un hipercubo, que es de cuatro dimensiones. (Tal objeto no lo podemos percibir en nuestro espacio tridimensional).

-Wikipedia.

En este modelo de teoría, es posible, dado que disponemos de un *momento lineal* de *tres* dimensiones y segmentos o *vectores lineales* de *una* dimensión, que estas dimensiones físicas (cuatro en total), interaccionen convergiendo entre sí durante el intervalo del momento lineal conforme a la dinámica de la teoría de superficies descrita en este trabajo (*momento-posición*), y cuyo resultado para un observador ubicado en un *espacio tridimensional* será *incompleto*, pues estas partículas elementales que interaccionan en un entorno cuatridimensional al ser observadas únicamente desde un contexto tridimensional con un número de grados de libertad menor, el observador no percibirá todas las variables de la interacción de una forma completa en su contexto y por lo tanto al no conocer todas las correlaciones de un determinado sistema, le resultará indeterminado e incomprensible el comportamiento de las partículas cuánticas.

-Actualmente se considera que la dualidad onda-partícula es un "concepto de la mecánica cuántica según el cual no hay diferencias fundamentales entre partículas y ondas: las partículas pueden comportarse como ondas y viceversa".

(Stephen Hawking, 2001-Wikipedia).

Según lo anterior, *si una superficie o polisuperficie puede ser el resultado del movimiento angular de una partícula cuántica*, entonces estamos en condiciones de sugerir que todas las partículas que existen en el universo se reducen a una única *Súper-polisuperficie*, o superficie compleja reducible matemáticamente de tal forma, que es capaz de representarse en cantidades discretas. (Partículas)

El autor piensa que en un espacio donde intervienen cuatro dimensiones geométricas, es perfectamente posible que los elementos de un conjunto se encuentren distribuidos en *posiciones absolutas y relativas* simultáneamente. De este modo, en el momento lineal, todos los elementos del universo compondrían una *gran polisuperficie*, y además formar el universo que conocemos.

Sobre la Gravedad

Este es un ejemplo de lo que podría ser una interacción común y fundamental en el Universo, la interacción cuatridimensional entre el Sol y la Tierra.

Si ubicamos un baricentro entre el sistema Sol-Tierra, encontramos a la Tierra cerca del núcleo del Sol. De esta forma, para un observador que tuviera su capacidad de examen y calculo limitada a una geometría bidimensional, afirmaría que la Tierra es un circulo circunscrito en otro circulo mucho mayor (el Sol), y digo baricentro y no centro de masas porque el observador en su contexto unidimensional, el centro de masas quedaría fuera de su capacidad de observación. Nosotros con nuestra capacidad de observación en un contexto de tres dimensiones geométricas, podemos afirmar que el Sol y la Tierra se encuentran separados a una distancia media de 149.600.000 km. aun siendo conscientes que el centro de masas de este sistema sitúa a la Tierra en el interior del Sol.

Pero ¿qué expondría sobre esta cuestión un observador que pudiera percibir cuatro dimensiones geométricas?

Pues diría que tanto el observador bidimensional como el observador tridimensional tienen razón, y por lo tanto la Tierra se encuentra sumergida en el interior del Sol y simultáneamente se encuentra en órbita alrededor de este.

La parte más pesada de la Tierra, está constituida por un pesado núcleo de hierro fundido, con un radio cerca de 3500 km (mayor que el planeta Marte), y representa el 60 % de la masa total de la Tierra, la presión en su interior es millones de veces la presión en la superficie, y su elevada temperatura puede superar los 6700 °C.

El origen de esta temperatura tan elevada, puede provenir del contacto cuatridimensional de este núcleo de hierro fundido con la masa solar

¿Qué es la consecuencia de todo esto para nosotros que tenemos una capacidad de observación limitada a tres dimensiones geométricas? Pues observamos que el Sol y la Tierra se encuentran separados a una cierta distancia, pero la parte más pesada de la Tierra, constituida por un pesado núcleo de hierro fundido, con un radio cerca de 3500 km, mayor que el planeta Marte y representa el 60 % de la masa total de la Tierra. La presión en su interior es millones de veces la presión en la superficie y su elevada temperatura puede superar los 6700 °C.

El origen de esta temperatura tan elevada puede provenir del contacto cuatridimensional de este núcleo de hierro fundido con la masa solar.

Un observador bidimensional que se desplazara sobre una superficie con relieves como una hoja de papel arrugada, en su contexto bidimensional vería esta hoja de papel plana, pero sentiría fuerzas que serán el resultado de interacciones geométricas porque los relieves son tridimensionales y no bidimensionales.

De esta forma cuando por ejemplo al caminar sentimos los efectos de la gravedad, esta nos parece una fuerza invisible desde nuestro contexto de tres dimensiones geométricas, pero un observador cuatridimensional observaría "entre bastidores" pero de forma tangible, que nos desplazamos sobre un campo gravitatorio reducido a un tejido cuyos relieves producidos al caminar sobre una superficie ondulante sería lo que nosotros percibimos como fuerza centrífuga o fuerza de la gravedad. Este tejido que se asemejaría a una membrana de goma o superficie elástica sensible a la masa de las partículas el cual se encuentra en un contexto cuatridimensional de mayor grado de libertad de movimiento, envolvería completamente a las partículas.

Según lo anterior, y como hemos visto en nuestro ejemplo de la Tierra y el Sol, podremos definir *la gravedad* para el observador en un contexto *tridimensional* como:

El resultado de una fuerza que proviene de *la diferencia* entre dos contextos dimensionales, uno de una dimensión geométrica y otro de tres dimensiones geométricas, las cuales, sumarian un total de cuatro dimensiones geométricas.

Sobre la arquitectura universal

Por lo tanto, además debo añadir que todas las partículas o superficies son la proyección de una única súper polisuperficie compuesta de pequeñas superficies unidas, las cuales forman regiones de diferente grado matemático y cuyo resultado es el universo que conocemos.

Sobre la Entropía como proceso reversible

Si podemos calcular la trayectoria de dos partículas después de que estas interaccionen mediante una colisión, podemos sugerir la posibilidad de que un sistema complejo compuesto de *segmentos o de líneas y puntos* se encuentre vertebrado con una única estructura de caminos posibles a seguir por cada partícula que compone dicho sistema.

De acuerdo con esto, en un sistema pequeño como por ejemplo una célula viva o inorgánica, podríamos invertir la trayectoria o expansión *lineal* de cada una de sus partículas, las cuales se desarrollan a través de *vectores lineales* de una sola dimensión en un contexto tridimensional y para las cuales solo existen dos direcciones posibles a través de su camino *unidireccional,* por lo tanto, podemos afirmar a través de esta *teoría de superficies* que, en una entropía inversa, la partícula se verá condicionada en su recorrido lineal o expansión por sus anteriores *posiciones.*

El autor piensa, que, en un contexto cuatridimensional como el nuestro, puede ser complicado revertir la entropía de un sistema debido a su mayor grado de libertad, *pero si es perfectamente viable provocarlo en un contexto tridimensional,* y conforme a esta teoría de determinismo fuerte, podríamos crear herramientas capaces de, por ejemplo, reconstruir prácticamente cualquier cosa.

Invirtiendo la Entropía de un Sistema: experimento especulativo basado en el efecto Casimir:

Los físicos holandeses Hendrik Casimir y Dirk Polder propusieron en 1948 que, si en el vacío se colocan dos placas conductoras paralelas muy próximas entre sí, las partículas virtuales que existen alrededor ejercen una fuerza sobre ambas placas que tiende a acercarlas porque en el espacio que hay entre las dos placas solo se pueden crear partículas cuya longitud de onda sea igual o menor que la distancia que separa las placas. Las caras exteriores de las placas no están sujetas a esta limitación de espacio, por lo que el número de partículas que se crean en las caras exteriores es mayor que en las caras interiores y esto produce una presión que tiende a juntar las placas.

Si interpretamos esta energía de vacío desde el punto de vista de la *teoría de superficies,* esta fuerza nos sugiere que lo que aquí se atribuye a "partículas virtuales circundantes" se trata en realidad de *posiciones* o *puntos* **anteriores** o lo que podríamos denominar *"puntos vacíos o desfasados"* desde la *posición* actual o presente del *observador*.

Así pues, se podrían proponer experimentos como el siguiente:

Invertir la entropía de una molécula o grupo de moléculas situadas entre estas placas generando entre las placas un campo eléctrico el cual, si es lo suficientemente intenso, podrá crear la suficiente presión para inducir entropía inversa a las partículas situadas entre estas placas siempre y cuando la longitud de onda de estas partículas sea igual o menor que la distancia entre las placas.

Mediante la diferencia de potencial aplicada a las placas se podría "pagar" la energía necesaria para reposicionar o colocar de nuevo en *posiciones* anteriores las partículas que componen las moléculas.

Si este tipo de experimentos dieran el resultado esperado, aportarían grandes beneficios a la humanidad, sobre todo en el campo de la medicina, pudiendo reconstruir o restaurar, moléculas cancerígenas, reconstruyéndolas casi instantáneamente a un estado anterior a su enfermedad, o reparar cualquier objeto, o incluso un individuo completo después de haber estado sometido a radiaciones a consecuencia de un largo viaje espacial, y también podríamos empezar a hablar de *motores de puntos,* fáciles de teorizar con esta *teoría de superficies,* ideales para atravesar grandes distancias en el espacio, y esto es solo el principio.

La realidad unidimensional

- *Un segmento, en geometría, es un fragmento de recta que está comprendido entre dos puntos, llamados puntos extremos o finales.*
- *Dos segmentos son consecutivos cuando tienen en común únicamente un extremo.*

El autor en reflexión de todo lo anterior y haciendo una interpretación sencilla de la *Teoría cuántica de Superficies,* resume lo siguiente:

De las cuatro dimensiones geométricas existentes, tan solo somos capaces de *medir* en el contexto de *una dimensión intrínsecamente lineal,* fraccionada por *segmentos,* interaccionando el observador de forma *discreta* con esta *dimensión lineal* en la forma de *segmentos* o *vectores lineales* y *posiciones* (*puntos*), a pesar de que esta segmentación forma parte de un contexto mucho más amplio (*momento lineal*) el cual no está segmentado y por lo tanto no percibimos directamente, pues no observamos las *superficies* de las partículas expansionarse, tan solo percibimos las trayectorias de estas, regladas siempre de una forma *discreta* en *segmentos* rectilíneos en la forma de partículas o *cuantos* de energía regladas de igual forma en cantidades *discretas*, tal como postula esta teoría en el capítulo titulado: *Experimento de la doble rendija.*

Esta *dimensión lineal* e interactiva, al estar reglada por segmentos, está compuesta por cantidades *discretas* y de esta forma fraccionada, es por tanto medible, y representa el universo formado por partículas cuantificadas y con el cual interaccionamos.

Podría decirse en consecuencia, que, a todos los efectos, lo que percibimos como *realidad* se trata realmente de una nube de *puntos* compuesta por *segmentos colineales y no colineales*.

Así pues, y debido a esta segmentación, todos los fenómenos físicos los medimos en cantidades discretas y a lo largo de segmentos y todas las partículas recorrerán siempre segmentos rectilíneos en el contexto unidimensional que percibimos.

Toda partícula queda restringida a un recorrido segmentado. Quiero señalar una vez más, que *invertir la entropía* desde el contexto de un espacio unidimensional segmentado es teóricamente posible en esta *teoría cuántica de superficies* de Determinismo Fuerte, **pudiendo invertir (volver atrás o deshacer), y dejar en las mismas condiciones iniciales al sistema involucrado.**

Superficies bidimensionales relacionadas con Constantes Físicas con valores elevados al cuadrado

Hay un fundamento importante que diferencia esta *teoría de superficies* de cualquier otra teoría:

En ciencias se entiende por *constante física* el valor de una magnitud física cuyo valor, fijado un sistema de unidades, permanece invariable en los procesos físicos a lo largo del tiempo.

Existen muchas constantes físicas; algunas de las más conocidas son la constante reducida de Planck $\hbar$, la constante de gravitación G, la velocidad de la luz c, la permitividad en el vacío ϵ_0, la permeabilidad magnética en el vacío μ_0 y la carga elemental e. Todas éstas, por ser tan fundamentales, son llamadas *constantes universales*.

-Wikipedia.

Las constantes físicas fundamentales relacionadas con la masa de las partículas tienen un valor en común *elevado al cuadrado*.

Por ejemplo, $E=mc^2$, que quiere decir que la energía de un cuerpo en reposo (E) es igual a su masa (m) multiplicada por la velocidad de la luz (c) *al cuadrado*.

También:

La interacción gravitatoria entre dos cuerpos puede expresarse mediante una fuerza directamente proporcional al producto de las masas de los cuerpos e inversamente proporcional al *cuadrado* de la distancia que los separa:

$$F = G\frac{m_1 m_2}{r^2}$$

En física, la aceleración es una magnitud vectorial que nos indica la variación de velocidad por unidad de tiempo. En el contexto de la mecánica vectorial newtoniana se representa normalmente por $\vec{a}$ o **a** y su módulo por a. Sus dimensiones son $[L \cdot T^{-2}]$. Su unidad en el Sistema Internacional es m/s².

Las unidades para la aceleración implícitamente derivadas de su definición son los metros/segundo dividido por segundo, normalmente escrito m/s2.

-*Wikipedia.*

En todos estos casos, el valor de las constantes físicas fundamentales relacionadas con la masa de las partículas es una magnitud cuyo valor es elevado *al cuadrado* y en ningún caso es elevado, por ejemplo, al cubo.

Según la opinión del autor y basándose en esta *teoría de superficies*, esto sucede así porque la masa de las partículas está constituida realmente por *superficies bidimensionales,* las cuales al constar únicamente de *dos dimensiones geométricas* solo admiten constantes con valores bidimensionales definidos por dos vectores, o dicho de otra forma, con valores elevados al cuadrado y cuyo resultado o efecto para un observador que realice una medición, es una potencia elevada al cuadrado relacionada con las constantes físicas fundamentales.

Sobre el Tiempo

Supongamos, que, en una superficie bidimensional, dibujamos un *objeto* y lo encerramos, trazando alrededor de él un círculo. Imaginamos por un momento, que ese objeto plano cobra vida, e intentara salir del círculo. Este *objeto*, se encontraría con la imposibilidad de hacerlo, pues para él el trazo que forma el círculo se extendería como un muro infranqueable hacia el infinito, y sería, por tanto, imposible de saltar.

Conocemos la enorme limitación que experimenta un cuerpo que se desplaza en un espacio de dos dimensiones geométricas con respecto a otro que se desplaza en un espacio de tres dimensiones geométricas en cuanto a libertad de movimiento, pero, entonces ¿de qué forma se desplazaría un cuerpo en un espacio cuatridimensional? Este cuerpo en teoría, dispondría de una libertad de movimiento excepcional. Así pues, si un cuerpo tridimensional pudiera aprovechar las propiedades en cuanto a libertad de movimiento que le brindara un espacio de cuatro dimensiones geométricas en su desplazamiento desde un punto a otro lo que ocurriría es que este cuerpo desaparecería del punto inicial y aparecería de forma inmediata, en el punto final. Esto es, efectivamente, mayor libertad de movimiento con respecto a un espacio tridimensional. Para que esto sea posible tan solo tenemos que eliminar el factor TIEMPO, pues este **no es una dimensión**, sino una **limitación** de la que podemos librarnos en un espacio de cuatro dimensiones geométricas.

Flecha del tiempo y Gravedad

El concepto de flecha del tiempo se refiere popularmente a la dirección que el mismo registra y que discurre sin interrupción desde el pasado hasta el futuro, pasando por el presente, con la importante característica de su irreversibilidad, es decir, que futuro y pasado, sobre el eje del presente, muestran entre sí una neta asimetría (el pasado, que es inmutable, se distingue claramente del incierto futuro).

La expresión en sí, flecha del tiempo, fue acuñada en el año 1927 por el astrónomo británico Arthur Eddington, quien la usó para distinguir una dirección en el tiempo en un universo relativista de cuatro dimensiones, el cual, de acuerdo con este autor, puede ser determinado por un estudio de los distintos sistemas de átomos, moléculas y cuerpos.

En 1928, Eddington publicó su libro The Nature of the Physical World, que contribuyó a popularizar la flecha del tiempo. En él, el autor escribió:

Dibujemos una flecha del tiempo arbitrariamente. Si al seguir su curso encontramos más y más elementos aleatorios en el estado del universo, en tal caso la flecha está apuntando al futuro; si, por el contrario, el elemento aleatorio disminuye, la flecha apuntará al pasado. He aquí la única distinción admitida por la física. Esto se sigue necesariamente de nuestra argumentación principal: la introducción de aleatoriedad es la única cosa que no puede ser deshecha. Emplearé la expresión "flecha del tiempo" para describir esta propiedad unidireccional del tiempo que no tiene su par en el espacio.

-Wikipedia.

Según esta Teoría cuántica de superficies, cuando una partícula colapsa su longitud de onda, genera una nueva *posición o punto de cero dimensiones,* situación que según esta teoría repercutiría reduciendo la libertad de movimiento de la partícula, y, por lo tanto, esta condición generaría limitaciones condicionantes y una de las cuales sería junto con el tiempo, **La gravedad.** Por lo tanto, la partícula generará una fuerza gravitatoria en su *posición y un empuje direccional o Vector Lineal,* que conocemos como *"flecha del tiempo".*

Sobre los Conjuntos

En matemáticas, un conjunto es una colección de elementos con características similares considerada en sí misma como un objeto. Los elementos de un conjunto, pueden ser las siguientes:

personas, números, colores, letras, figuras, etc. Se dice que un elemento (o miembro) pertenece al conjunto si está definido como incluido de algún modo dentro de él.

Los conjuntos pueden ser finitos o infinitos. El conjunto de los números naturales es infinito, pero el conjunto de los planetas del sistema solar es finito (tiene ocho elementos). Además, los conjuntos pueden combinarse mediante operaciones, de manera similar a las operaciones con números.

Los conjuntos son un concepto primitivo, en el sentido de que no es posible definirlos en términos de nociones más elementales, por lo que su estudio puede realizarse de manera informal, apelando a la intuición y a la lógica. Por otro lado, son el concepto fundamental de la matemática: mediante ellos puede formularse el resto de objetos matemáticos, como los números y las funciones, entre otros. Su estudio detallado requiere pues la introducción de axiomas y conduce a la teoría de conjuntos.

Wikipedia

El experimento del gato de Schrödinger

Erwin Schrödinger plantea un sistema que se encuentra formado por una caja cerrada y opaca que contiene un gato en su interior, una botella de gas venenoso y un dispositivo, el cual contiene una sola partícula radiactiva con una probabilidad del 50% de desintegrarse en un tiempo dado, de manera que, si la partícula se desintegra, el veneno se libera y el gato muere.

Al terminar el tiempo establecido, la probabilidad de que el dispositivo se haya activado y el gato esté muerto es del 50%, y la probabilidad de que el dispositivo no se haya activado y el gato esté vivo tiene el mismo valor. Según los principios de la mecánica cuántica, la descripción correcta del sistema en ese momento (su función de onda) será el resultado de la superposición de los estados «vivo» y «muerto» (a su vez descritos por su función de onda). Sin embargo, una vez que se abra la caja para comprobar el estado del gato, éste estará vivo o muerto.

Wikipedia

Según el autor, en un espacio de cuatro dimensiones geométricas, los resultados o posiciones son la conjunción de sistemas de conjuntos.

El experimento o paradoja del gato de Schrödinger que utilizamos de ejemplo aquí, seria pues, un conjunto cuatridimensional. De esta forma, en este estado, como ya sabemos, al disponer de mayor libertad de movimiento, es posible superponer los estados vivo o muerto del gato, hasta que se interrumpa este estado de cuatro dimensiones geométricas al abrir la caja, para comprobar el estado del gato.

Notas del autor:

Espero haber expuesto esta nueva revisión de mi trabajo con mayor claridad, lamento no tener la suficiente formación para expresar mejor este trabajo.

Lo realmente importante es que usted esencialmente *comprenda e interprete por su cuenta,* la sencilla pero eficaz mecánica de la *teoría cuántica de superficies.*

Creo en los fundamentos de esta teoría, y pienso que serán de utilidad para completar algún día la mecánica cuántica de una manera sencilla y concluyente.

Publico ahora esta revisión de mi trabajo para que, si resulta de cierto interés para la ciencia, pueda ser cuestionado, corregido y ampliado por personas que estén mejor preparadas que el autor para hacerlo. Es muy probable que usted pueda estar de acuerdo con todo o una parte de lo expuesto aquí, o incluso con nada en absoluto, pues se trata de un trabajo especulativo y revisable, y de hecho es cuestionado, revisado, rectificado y también ampliado, regularmente por el autor. Espero ser merecedor de alguna crítica, y también espero severas correcciones.

Le agradecería que pudiera valorar y escribir su opinión sobre este libro en Amazon.

Le agradezco mucho su tiempo y atención.

A. Conca

Este trabajo ha sido de nuevo, revisado y ampliado por el autor, con fecha: 07 de mayo del 2019.

www.ingramcontent.com/pod-product-compliance
Lightning Source LLC
Chambersburg PA
CBHW020712180526
45163CB00008B/3059